原來害怕是這樣

害怕到發抖該怎麼辦？

神奇的情緒工廠 ②

段張取藝 著·繪

【神奇的情緒工廠 2】

原來害怕是這樣：害怕到發抖該怎麼辦？

作　　　者	段張取藝
繪　　　者	段張取藝
特 約 編 輯	劉握瑜
美 術 設 計	呂德芬
內 頁 構 成	簡至成
行 銷 企 劃	劉旂佑
行 銷 統 籌	駱漢琦
業 務 發 行	邱紹溢
營 運 顧 問	郭其彬
童 書 顧 問	張文婷
第四編輯室 副總編輯	張貝雯
出　　　版	小漫遊文化／漫遊者文化事業股份有限公司
地　　　址	台北市103大同區重慶北路二段88號2樓之6
電　　　話	(02) 2715-2022
傳　　　真	(02) 2715-2021
服 務 信 箱	runningkids@azothbooks.com
網 路 書 店	www.azothbooks.com
臉　　　書	www.facebook.com/azothbooks.read
服 務 平 台	大雁文化事業股份有限公司
地　　　址	新北市231新店區北新路三段207-3號5樓
書 店 經 銷	聯寶國際文化事業有限公司
電　　　話	(02)2695-4083
傳　　　真	(02)2695-4087
初 版 一 刷	2023年11月
定　　　價	台幣350元

ISBN　978-626-97945-0-8（精裝）

國家圖書館出版品預行編目 (CIP) 資料

原來害怕是這樣：害怕到發抖該怎麼辦? / 段張取藝
著. 繪. -- 初版. -- 臺北市：小漫遊文化, 漫遊者文化事業
股份有限公司, 2023.11
　　面；　　公分. -- (神奇的情緒工廠 ; 2)
ISBN 978-626-97945-0-8(精裝)
1.CST: 育兒 2.CST: 情緒教育 3.CST: 繪本
428.8　　　　　　　　　　　　　　　　　112017477

漫遊，一種新的路上觀察學
www.azothbooks.com
漫遊者文化

大人的素養課，通往自由學習之路
www.ontheroad.today
遍路文化・線上課程

啊！有老鼠！

救命啊！

為什麼有這麼可怕的東西！

我為什麼會怕老鼠啊！

太可怕了！

世界上有太多讓我們害怕的東西……

鄰居家的大黃狗讓人害怕！

草叢裡的蛇也很恐怖。

毛毛蟲突然掉到手上更讓人驚恐！

有人突然出現在背後時會害怕。

獨自過馬路時也會害怕。

上學遲到了更會害怕。

突然被老師點名時也會嚇得全身一抖。

當眾表演才藝更是加倍害怕。

最恐怖的是公布考試成績時。

怎麼回事！

考試不及格會被爸爸罵。

爸爸罵完換媽媽罵。

挨完罵還要自己一個人睡，晚上黑漆漆的好可怕！

還會擔心衣櫃裡有怪物……

床底下也可能藏著妖怪……

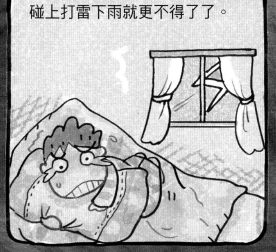

碰上打雷下雨就更不得了了。

我下次會考好的……

最最可怕的是，夢裡還會繼續被罵……

每個人害怕的東西都不盡相同，但害怕的情緒人人都有，一旦怕起來，藏都藏不住！

藏不住的害怕反應

害怕時人體會出現一些特別的反應，這樣我們就可以分辨出自己或身邊的人是不是在害怕了。

心血管系統反應

心臟怦怦跳，血壓迅速飆升。

表情反應

瞳孔放大，上眼瞼提高，下眼瞼緊繃。

肢體反應

神經緊張，身體會忍不住發抖。

皮膚反應

毛孔會收縮，起雞皮疙瘩，汗毛會立起來。手腳、腋窩、額頭等地方會冒汗。

有的害怕反應不明顯，但有的能被人一眼識破。

逃避行為

身體會本能的想朝與害怕根源相反的方向逃離現場。

極度害怕時，情緒會失控，同時身體也會出現一些生理上的失控表現！

這些反應會讓我們覺得很難為情，但是又因為太害怕了，實在沒辦法控制！

尖叫

能釋放害怕帶來的心理壓力，也可以幫助自己嚇退敵人。

失禁

害怕時，膀胱可能會不正常收縮，甚至有可能會無法控制而尿褲子。

昏倒

非常害怕時，精神高度緊張，甚至可能會導致昏迷。

一起害怕

害怕是最容易引發共情的一種情緒，看到別人害怕時，自己也會跟著害怕。

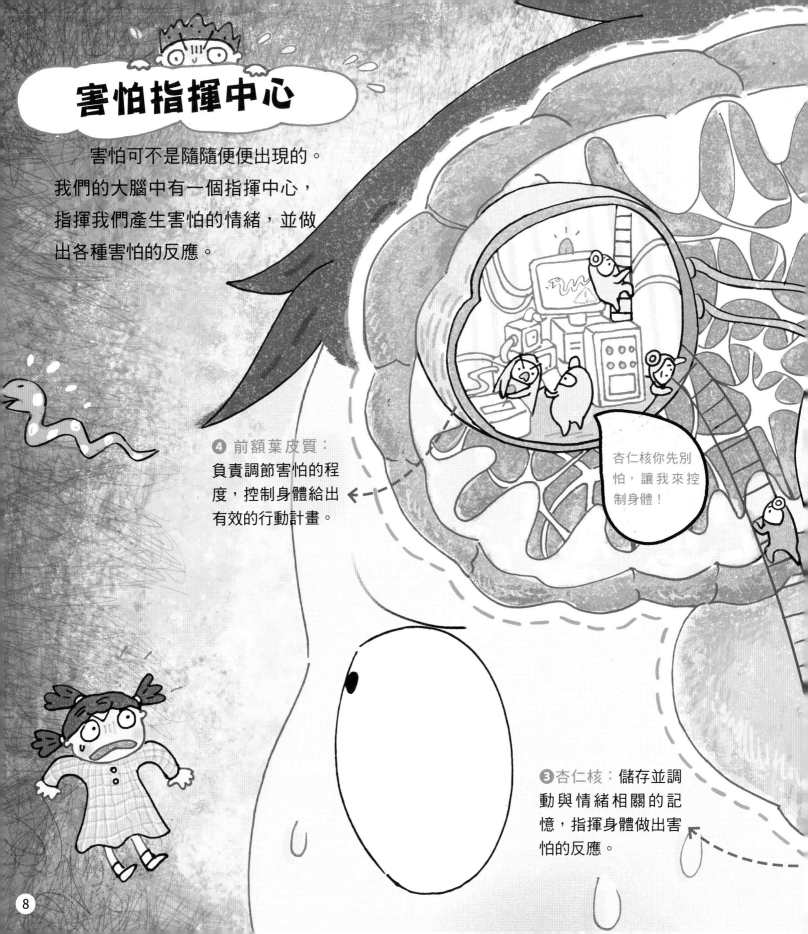

害怕指揮中心

害怕可不是隨隨便便出現的。我們的大腦中有一個指揮中心，指揮我們產生害怕的情緒，並做出各種害怕的反應。

❹ 前額葉皮質：負責調節害怕的程度，控制身體給出有效的行動計畫。

杏仁核你先別怕，讓我來控制身體！

❸ 杏仁核：儲存並調動與情緒相關的記憶，指揮身體做出害怕的反應。

不安的杏仁核

當我們偵測到威脅時，杏仁核會啟動，發出訊號使身體產生害怕反應。但如果杏仁核太活躍，我們就會不停的感到害怕。

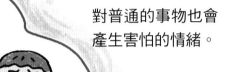

對普通的事物也會產生害怕的情緒。

情緒會經常處於緊繃狀態。

杏仁核太活躍會讓人沒有辦法理智的應對危險，只知道不停的害怕。

遇到危險時，無法冷靜思考，只想發抖和逃跑。

如果杏仁核受損，停止運作，我們對應該感到害怕的事物警戒性會大幅降低，害怕的反應會變得很遲鈍。

很難想像或畫出害怕的表情。

應該害怕卻沒有害怕的反應。

無法判斷別人是否在害怕。

沒有杏仁核下達指令，遇到危險時就不能及時避開，更容易受到傷害！

理智的前額葉皮質

　　杏仁核只負責下令害怕，解決問題還得靠前額葉皮質。有的人膽子大，有的人膽子小，其實跟前額葉皮質有關。

膽子小

遇到危險時，如果前額葉皮質無法正常發揮作用，身體只能被受到刺激的杏仁核指揮。

啊啊啊！怎麼辦？

無法冷靜可能讓我們受傷，就更加無法冷靜了。

快跑！
快跑！

膽子大

前額葉皮質可以在危險時安撫好杏仁核，控制身體行動，脫離危險。

晚熟的前額葉皮質

前額葉皮質是人類大腦發育過程中最晚成熟的，直到青春期後期或成年期才發育完成，所以我們會感覺大人遇到危險時更冷靜。

害怕與危險記憶

我們會害怕，源自於對各種危險的記憶，當我們害怕的時候，說明危險來臨了。

基因裡的危險記憶

害怕是遠古人類遇到危險時的防禦反應，他們需要學會躲避各種危險才能生存下來。這些害怕的記憶通過基因遺傳給了後代。

失控的火

雷電

懸崖

猛獸

黑暗

每個人或多或少都會害怕一些東西。或許，媽媽也會怕黑呢！

自己的危險記憶

遇到危險後，杏仁核會產生害怕的情緒並記錄下來，再遇到同樣的事情時，就會重新表現出害怕，以防再次受到傷害。

即使我們自己忘記了這些事，杏仁核也會幫我們記住！

被熱水燙傷過，會害怕再靠近熱水。

被碎玻璃劃傷過，會害怕再摸碎玻璃。

聽來的危險記憶

被反覆告知某樣事物的危險性，也會在大腦中形成危險的記憶，並產生對應的害怕情緒。

爸爸媽媽經常不准我們做這個、做那個，其實是想讓我們避開危險。

不要去海邊游泳，會溺水！

不要打架，會受傷！

不同程度的害怕

各個程度的害怕都有自己的特徵。在不同的情況下，害怕的情緒會由不同的成員來「站崗」。

擔心

最輕度的害怕，能預知傷害，但傷害還很遙遠。比如感覺天快下雨時，會擔心衣服被雨淋溼。

不安

當擔心的情緒無法被緩解時，會升級成不安。這時我們會開始覺得不舒服。比如考卷不會寫，整個人都坐立不安。

害怕

害怕家族的代表，危險來臨時，再勇敢的人都會本能的感到害怕。比如差點被花盆砸到時。

恐懼

當我們感到恐懼時，往往外界環境已經失控，情緒也開始脫離控制。比如洪水來臨時，因為個人的力量無法對抗洪水帶來的傷害，所以會產生深深的恐懼。

害怕的**加強版**

我們經歷危險時，會產生害怕甚至恐懼的情緒。但如果一直擺脫不了這種情緒，可能是因為過往經歷留下了心理陰影。

心理陰影

在危險結束後很長一段時間內，還會處在恐懼的情緒中，哪怕只是遇到類似的事物也會感到恐懼。

蛇

藤蔓

繩子

就像我們常說的「一朝被蛇咬，十年怕草繩」指的就是心理陰影。

動物尾巴

樹枝

朝自己潑灑過來的飲料

鐵鍊

牆上的畫

心理陰影的危害

心理陰影可能改變人的性格，影響一個人的健康與成長。比如表演失誤後，原本開朗的孩子可能變得自卑；經常被責罵和批評的孩子可能因為自尊和自信受損，陷入惶恐和自暴自棄中。

一些特殊的害怕

有些人的害怕比較特別，即使這些事物不會帶來危險，但就是會感到害怕！

害怕巨大的東西

有些人會害怕體積大到需要仰視的東西，比如巨大的雕像、巨大的動物、巨大的建築等會讓人產生壓迫感的東西。

害怕奇怪的臉

當某個東西的外觀非常像真人，但又比真人詭異時，會讓人感到害怕甚至恐懼，比如人臉面具、小丑的臉等。

害怕尖嘴的動物

有些人害怕雞、鳥雀等動物的尖嘴，甚至會認為魚的嘴巴也是尖的。

害怕與人社交

由於害羞、膽怯、缺乏自信等心理因素，在社交時會莫名緊張、臉紅，害怕與人溝通和交往。

害怕錯過訊息

網路時代的新型心理問題，害怕錯過來自他人的訊息，會花大量時間盯著手機。

害怕被人傷害

有些人總是覺得周圍的環境不安全，懷疑所有人都要謀害自己，因此一直處於緊張和恐慌中。

戰勝害怕有方法

如果小時候對某種事物的害怕沒有得到排解，害怕就會一直持續下去，直到長大後，依然會感到害怕。我們可以尋找一些合適的方法，來戰勝這些害怕。

害怕坐車，可以嘗試多和爸爸媽媽出門兜風。

害怕狗，可以嘗試先和最溫順的小狗玩。

害怕人扮的玩偶，可以嘗試先跟比較可愛的合照。

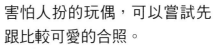

有時候，實際去試一試就會發現，其實很多東西根本沒有想像中那麼可怕！

條件對抗法
在害怕出現時，做一些讓自己感到快樂的事，用快樂的情緒取代害怕。

害怕怪物，可以把怪物畫下來，然後幫它加上各種搞笑的裝飾。

轟隆！

害怕打雷，可以在打雷時玩喜歡的玩具，轉移注意力。

把注意力轉移走，就可以不把害怕當回事了！

廁所

在學校害怕一個人上廁所，可以找好朋友一起去，並聊一聊有趣的事。

23

原因分析法
分析害怕的根本原因，一個
一個解決它們，比如找到害
怕一個人睡覺的原因。

❶感覺衣櫃裡有怪物！

❷感覺桌子上有
奇怪的東西！

❸害怕會有人從
窗戶外爬進來！

❹就是怕黑！

找出原因
後，就能一一
解決它們了。

24

❶檢查衣櫃，親眼確認裡面沒有怪物。如果還是怕，把勇敢的玩具熊放進去，怪物就不敢來啦！

❷把桌上的東西都收起來，不讓奇怪的東西出現在視線範圍。

❸把窗戶都關好、鎖好，就不會有壞人進來了！

❹請媽媽買一個小夜燈，每天晚上都調暗一點點，慢慢就會不怕黑了！

把原因一一解決後就會發現，其實也沒什麼好怕的！

比如害怕烏龜，

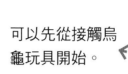

可以先從接觸烏龜玩具開始。

再嘗試看烏龜的圖片，直到不再害怕圖片上的烏龜。

最後，在一個有安全感的環境下，觀察真的小烏龜。

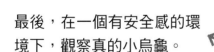

慢慢你就會不再害怕烏龜，甚至覺得小烏龜其實很可愛。

千萬不要想一下子就消除恐懼，這樣反而會讓自己更害怕！

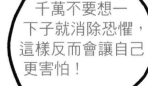

比如害怕在人群面前演講，

可以先在空曠的環境下練習，

再用一些物品代替觀眾來排練。

也可以先在熟悉的人面前演講。

這樣練習後，我們就有勇氣當眾演講啦！

如果這些方法都不能幫助自己戰勝害怕，也可以去找心理醫生求助哦！

害怕小趣聞

關於「害怕」，歷史上有很多小趣聞。

膽小的刺客

荊軻刺殺秦王嬴政時，他的搭檔秦舞陽到了嬴政面前被嚇得面色蒼白，不僅沒有幫上忙，還差點讓荊軻身分暴露。

風聲鶴唳嚇傻了

西元 383 年，前秦的苻堅被晉軍打敗，聽到風聲和鶴叫都以為是追兵要來了，害怕得拚命奔逃。

有心理陰影的皇帝

晚清光緒皇帝十分害怕打雷和其他巨大的聲音。每當電閃雷鳴時，他都要緊閉門窗，命令太監站在兩旁，自己拚命捂著耳朵。

被嚇死的國王

1419 年，波西米亞（現捷克）爆發了胡司戰爭，貴族們都嚇得不敢出門，傳聞當時的國王甚至被嚇死了。

國王的小毛病

英國國王喬治六世從小講話會結巴，因此一直害怕演講，後來他在妻子和醫生的幫助下終於克服了這個毛病。

總統也曾膽小

美國總統羅斯福小時候個性脆弱又膽小，上課時被叫起來回答問題，他都會嚇得發抖。不過，他努力克服了自己的恐懼，長大後成為美國總統。

動物也害怕

在動物的大腦中，也存在產生害怕情緒的構造，很多動物也會和人一樣感到害怕！

膽小如雞

雞是一種非常膽小的動物，不管是巨大的聲響，還是突然出現的東西，都可能直接把雞嚇死。

孔雀為什麼要開屏

公孔雀除了在碰到喜歡的母孔雀時會開屏，在受到驚嚇時也可能會開屏。

東方狍的愛心屁股

俗稱矮鹿的東方狍在受到驚嚇後，屁股後面的白毛會炸開，看起來就像一個愛心。

膽小的犰狳

犰狳雖然渾身布滿「鎧甲」，但其實非常膽小。遇到危險後的第一反應就是逃進洞穴躲起來，有時候甚至還能把自己給嚇死。

超凶的小貓熊

小貓熊在受到驚嚇後，會擺出牠們認為超級凶猛的動作來威脅對方，看起來卻很像人類「舉手投降」的動作。

昏倒羊

昏倒羊是一種患有肌肉疾病的山羊，牠們在受到驚嚇時不僅不會逃跑，反而會「昏倒」在地。

有一位名叫 M 的女士，她大腦中的杏仁核因為生病萎縮，導致她完全感覺不到害怕。

研究人員曾帶她去專門賣獵奇動物的商店，裡面有很多恐怖的毒蛇和蠍子。

但是 M 女士不僅不害怕，還想把毒蛇拿在手裡把玩。

他們又帶她去了美國肯塔基州最著名的鬼屋，據說每一個進去的人都會被嚇到尿褲子。

可是 M 女士仍然不害
怕，並且因為好奇，
她還去摸了摸「怪物」
的頭，反而把扮演怪
物的人給嚇壞了。

研究人員又讓 M 女士觀看
恐怖片。M 女士依舊面不
改色，還很有興趣的問哪
裡可以租到這些影片，她
回家還想再看一遍。

她好像真的
不會害怕。

最終研究人員只能承
認，他們的確沒有辦
法嚇到 M 女士。

請幫這個凶巴巴的怪物畫上各種搞笑的裝飾，這樣大家就不會害怕它啦！

34

你想讓誰穿上這些
有趣的衣服呢？

你還有哪些害怕的東西呢？把它畫下來，再把你覺得最好玩
的東西畫在它的身上，也許你就會發現它並不可怕啦！

【神奇的情緒工廠】（全6冊）

為什麼情緒一上來，身體跟心裡都變得好奇怪？
情緒的十萬個為什麼，讓大腦來告訴你！

★科學角度完整介紹6大基本情緒，兒童成長必備的心理百科
★20個實用情緒管理小技巧×98則中外趣味小故事
★〔套書特別加贈〕：《情緒百寶箱》遊戲小冊，
　涵蓋四大主題的的14個紙上活動，幫助孩子練習辨認與調節情緒

原來生氣是這樣：
生氣到要爆炸怎麼辦？

有好多事情，一想到就氣得不得了！
每個人都有生氣的時候，
甚至可能會抓狂暴怒。
其實，生氣是人類保護自己的本能反應，
不過，如果經常大發脾氣，
對身體、認知和人際關係都會造成傷害，
一起來看看該如何消滅
身體裡的壞脾氣怪獸吧。

原來害怕是這樣：
害怕到發抖該怎麼辦？

有好多東西，一想到就害怕得不得了！
害怕是每個人都會有的情緒
每個人害怕的東西都不同，
有時候害怕可以幫助我們遠離危險，
但是如果只會逃避，問題會一直存在，
甚至留下心理陰影！
有一些很棒的方法可以戰勝害怕，
一起來看看吧！

原來快樂是這樣：
不能夠一直開心嗎？

開心的事情真的好多好多，多到數都數不完！
當我們感到快樂的時候，身體會充滿能量，
大腦也會給予「獎勵」，帶給我們快樂的感受。
除此之外，
快樂也是治癒壞情緒的良藥，
一起來學習如何常常保持愉快的心情，
對身體健康及人際關係都很有幫助喔。

原來悲傷是這樣：
想讓難過消失該怎麼辦？

悲傷的時候，世界彷彿都變成了灰色……
悲傷是唯一一種會造成身體能量流失的情緒，
雖然我們無法阻止令人悲傷的事情發生，
但有一些方法可以緩解難過的情緒，
讓我們的心情變得好起來。
難過的時候，
試試看這些「悲傷消失術」吧。

原來討厭是這樣：
遇上討厭的事物只能躲開嗎？

世界上為什麼有那麼多討厭的東西呢
一旦我們碰到自己討厭的東西
不只情緒會產生強烈的抗拒反應
就連身體也會覺得很不舒服。
該怎麼克服討厭的感覺，
是一門需要努力學習的大學問呢！

原來驚奇是這樣：
遇上沒想到的事情只能嚇一跳嗎？

原來世界上有那麼多讓人驚奇不已的事情！
從遠古時代開始，
「驚奇」就存在人類的身體裡，
專門用來應對各種意想不到的突發情況。
當意料之外的事情發生時，
驚奇就會立刻現身！
學習時刻保持對世界的新鮮感，
生活就會處處是驚奇唷！